海を科学するマシン

深海ロボット

海のふしぎを調べろ!

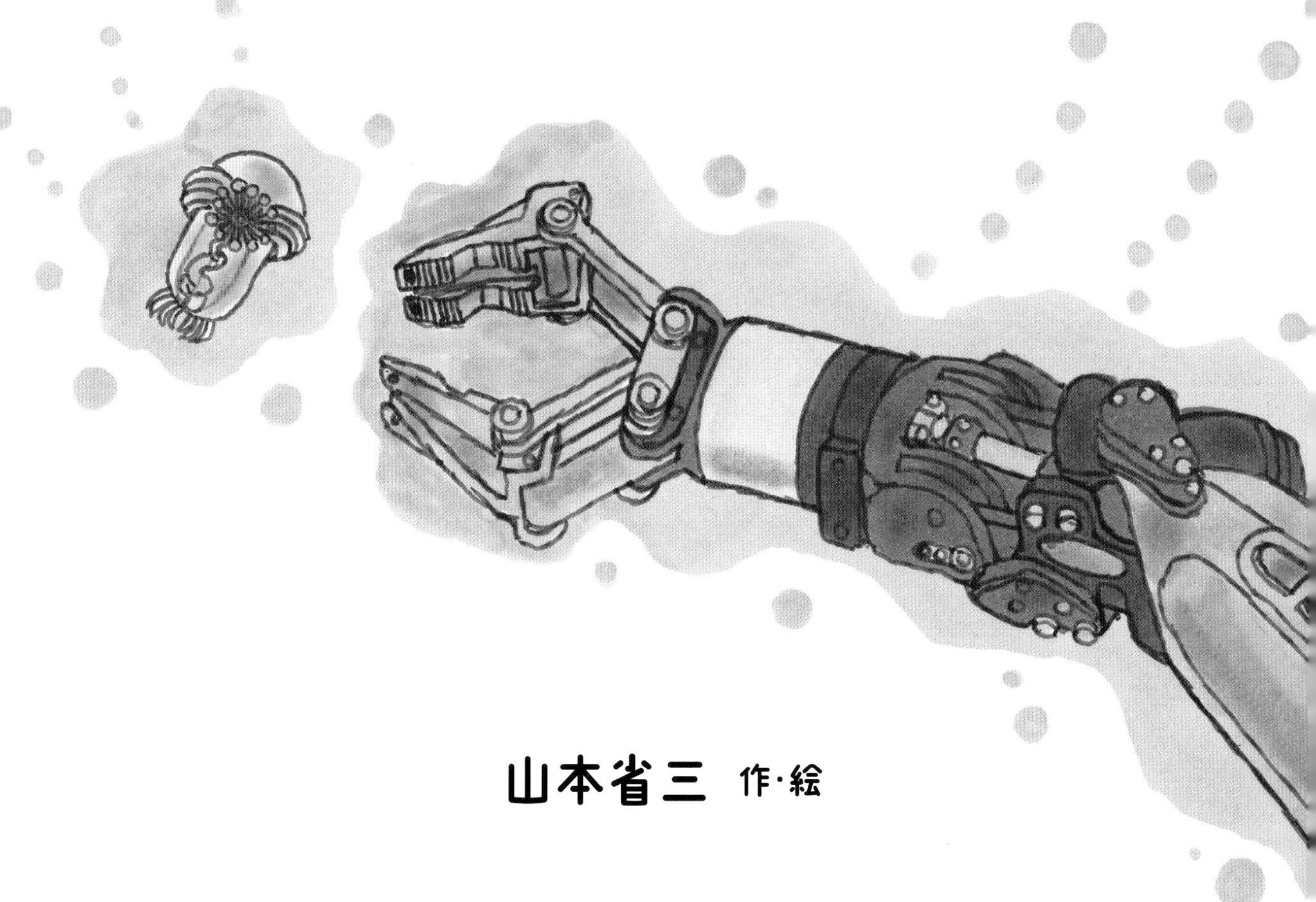

山本省三 作・絵

くもん出版

長い、長いケーブルの先

船からのびる、長い、長いケーブル。
その先には、半分だけカバーをかぶったような四角い機械。
サーチライトをつけ、砂の上をはうように動きまわっている。
「かいこう」が、深海の海底を調べているところだ。

「かいこう」は船？

「かいこう」は、長さが3メートル、はばが2メートル、
高さが2.6メートル。貨物列車に積むコンテナくらいの大きさだ。
じょうぶなフレームで組みたてられていて、いくつものカメラや、
マニピュレータとよばれる2本のうでが取りつけられている。
深海にもぐるけれど、人は乗らない。だから、船ではない。
海上の船で操作するロボットなのだ。

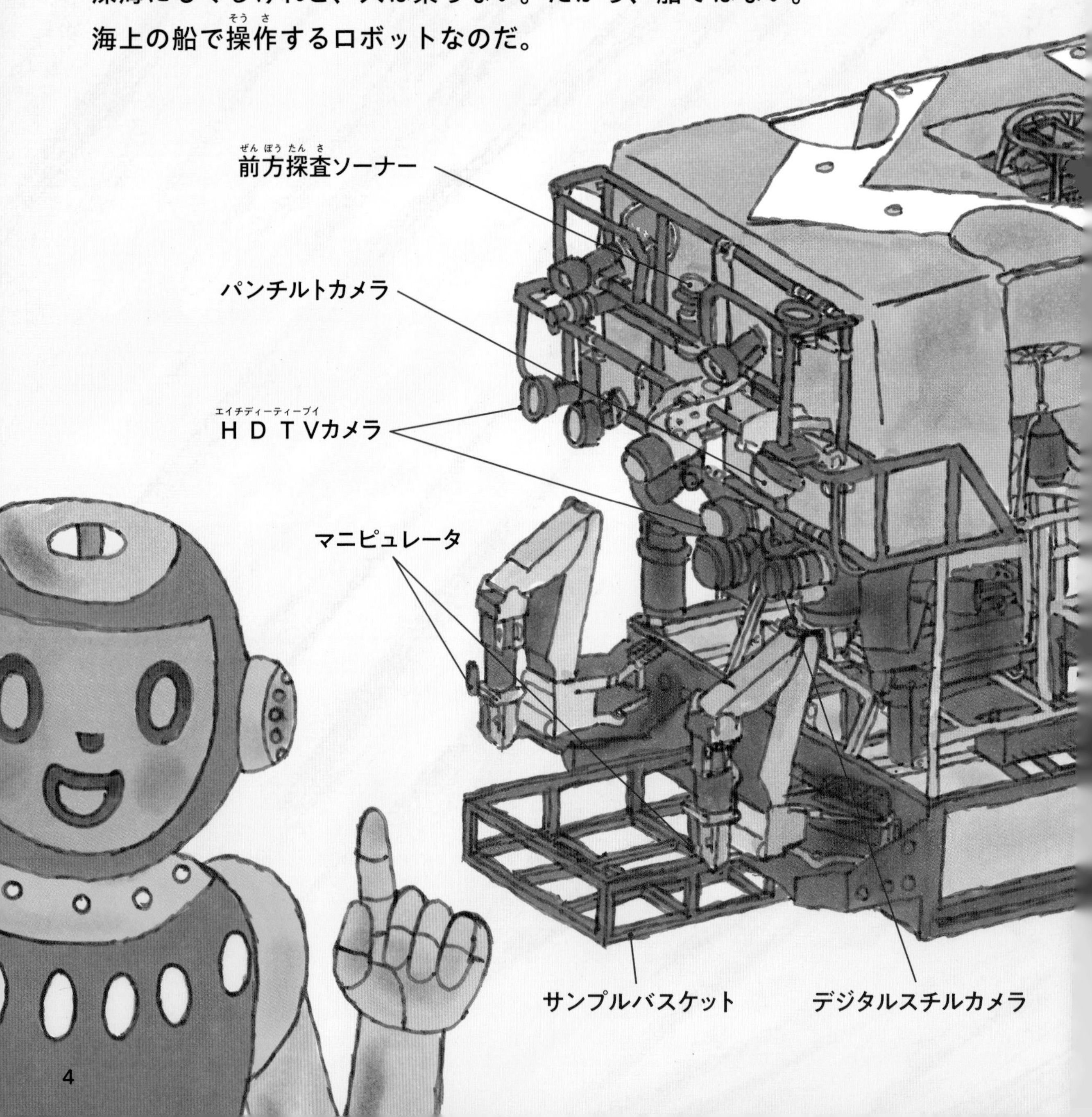

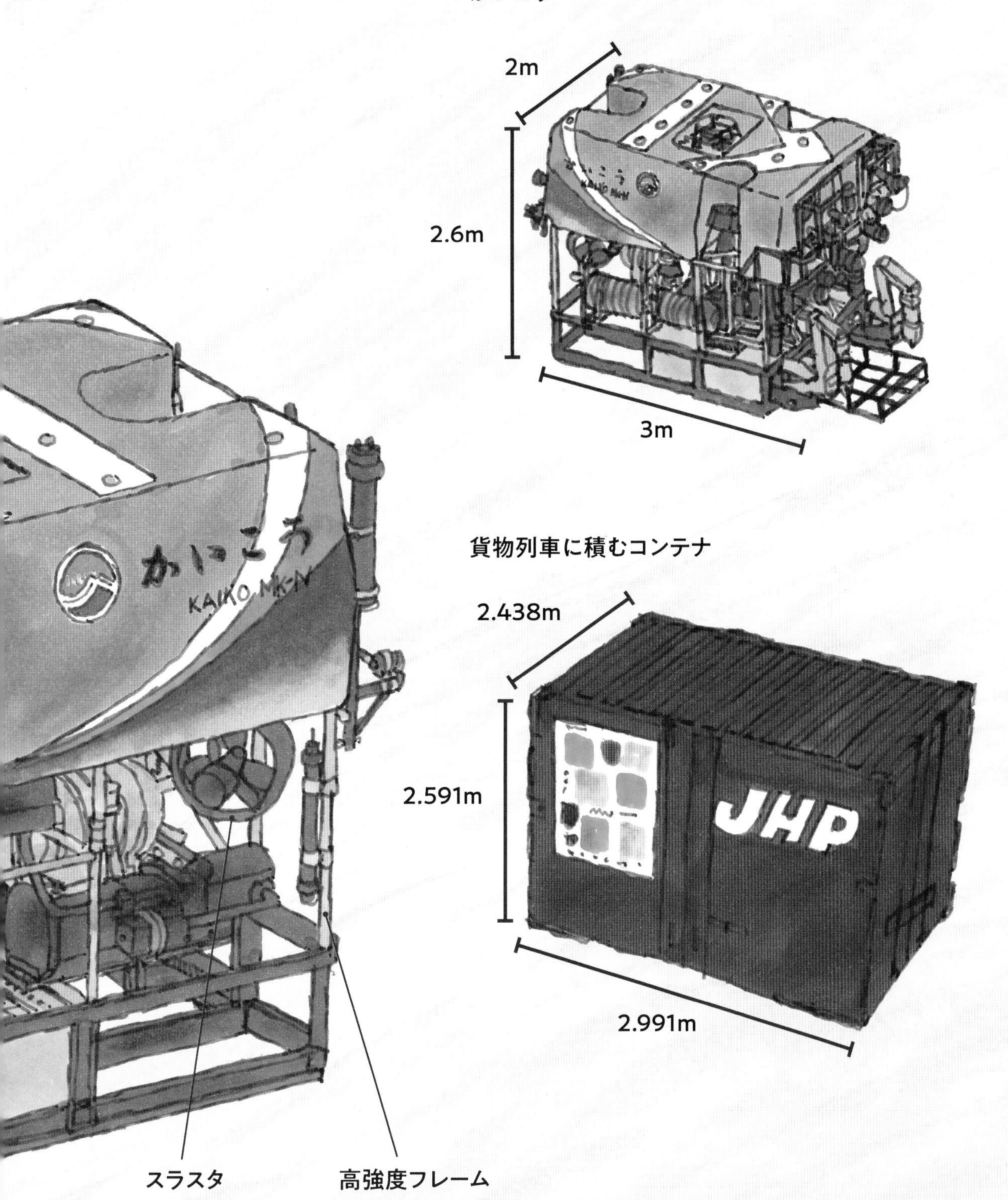
かいこう
2m
2.6m
3m
貨物列車に積むコンテナ
2.438m
2.591m
2.991m
JHP
かいこう
KAIKO MK-IV
スラスタ
高強度フレーム

映像を見ながら

海底のようすが、「かいこう」から映像で送られてくる。
母船とよばれる海上の船では多くの人たちが、
その映像を見ながら話しあい、
コントローラを使って「かいこう」を動かす。

「しんかい6500」などの乗れる人数がかぎられる
潜水調査船とちがって、それが強みだ。
また、船から電力を送るから、
電池切れの心配もないのだ。

もぐりかた

「かいこう」のもぐりかたを説明しておこう。
調べる地点の海上までは、母船で運ばれる。

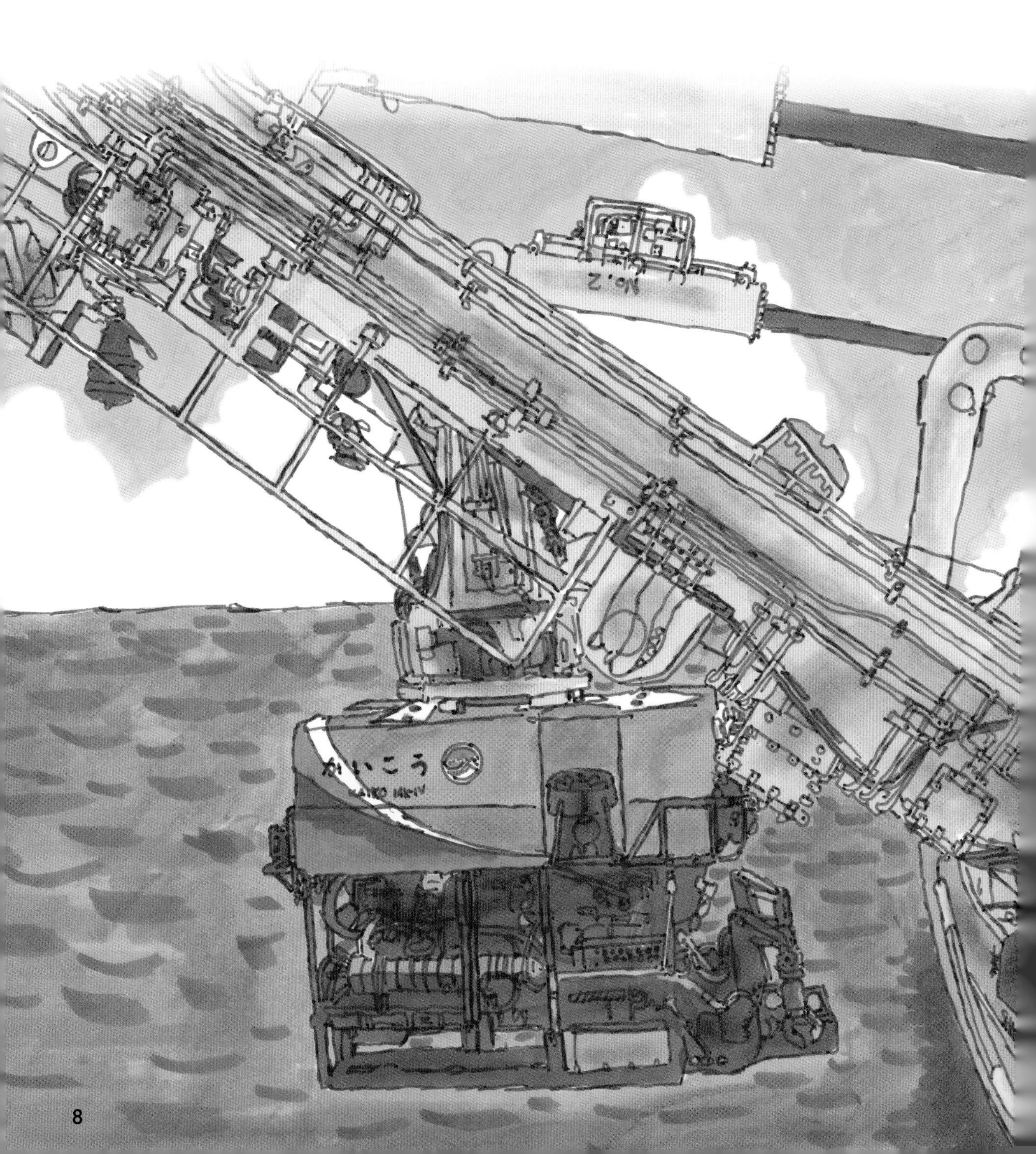

母船とケーブルでつながったまま、
クレーンで海面におろされる。

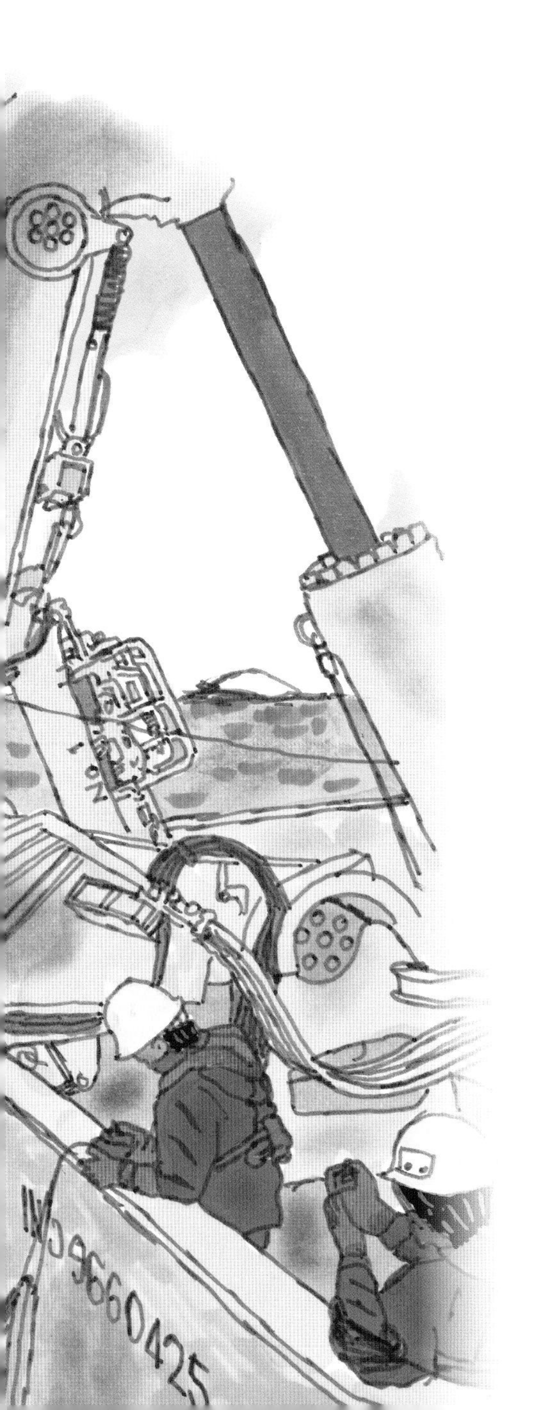

ケーブルをのばしながら、もぐっていく。
母船からケーブルで送られた
信号にしたがって動く。

調べる地点に近づくと、
スラスタとよばれる７つのスクリューで
向きを変えながら、
めざすところへ進んでいく。

大切な目

「かいこう」を動かすために欠(か)かせないのが、深海から送られてくる映像(えいぞう)だ。深海のようすを目の前で見ているように、ハイビジョンカメラがはっきり、くっきり映(うつ)しだす。

サンゴ

イソギンチャク

深海の観測用と、
「かいこう」自身の見守り用に
６台のカメラが取りつけられている。
ビデオカメラが５台で、
そのうちハイビジョンカメラは３台。
あとの１台は、写真撮影用。

自由に動く力もち

2本のマニピュレータは、曲げたりのばしたり、
ひねったりと、自由に動かせる。
にぎる力は、450キログラム。大人の男の人のおよそ10倍だ。
水中で最大250キログラム、ピアノくらいの
重さのものをもちあげることができる。

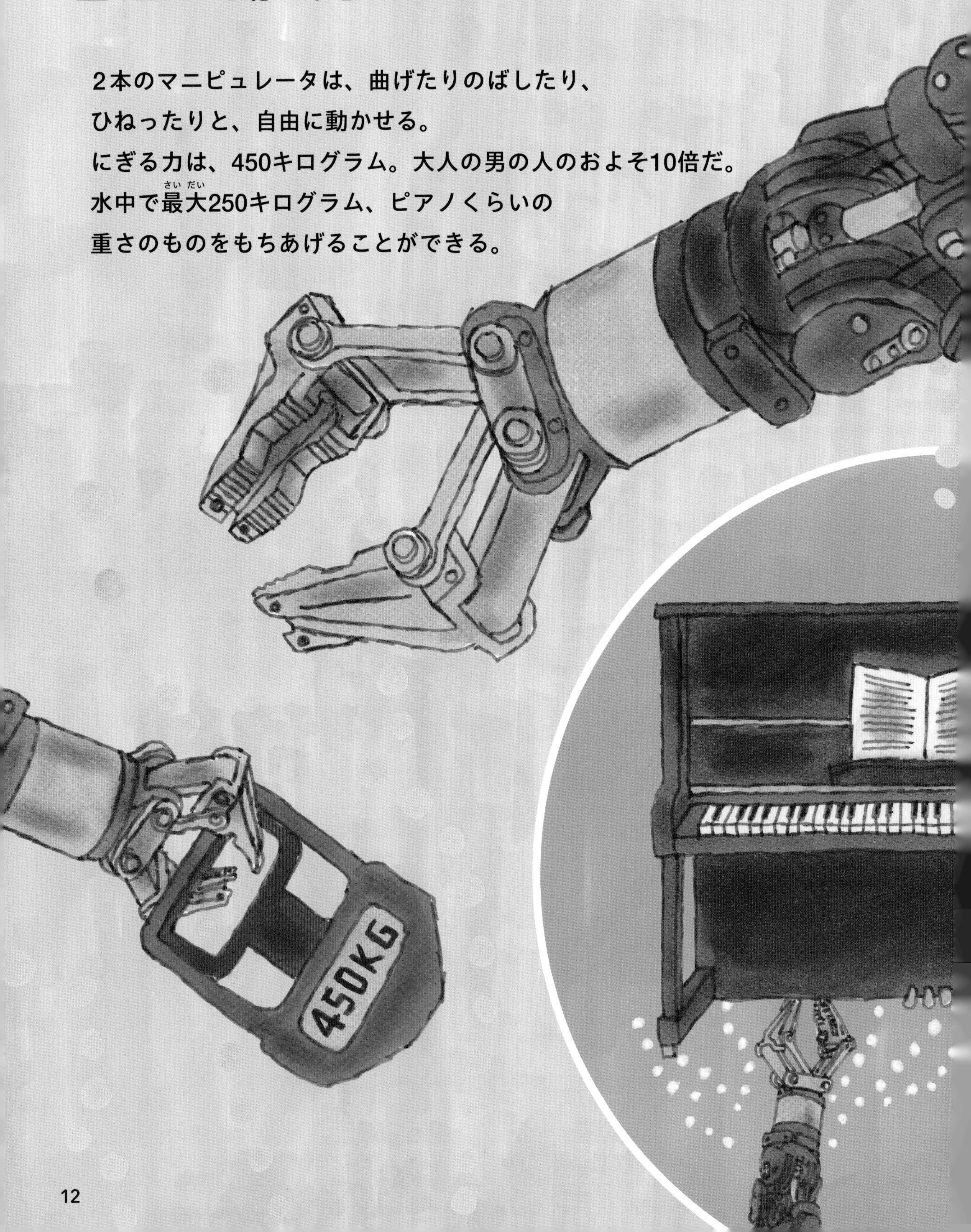

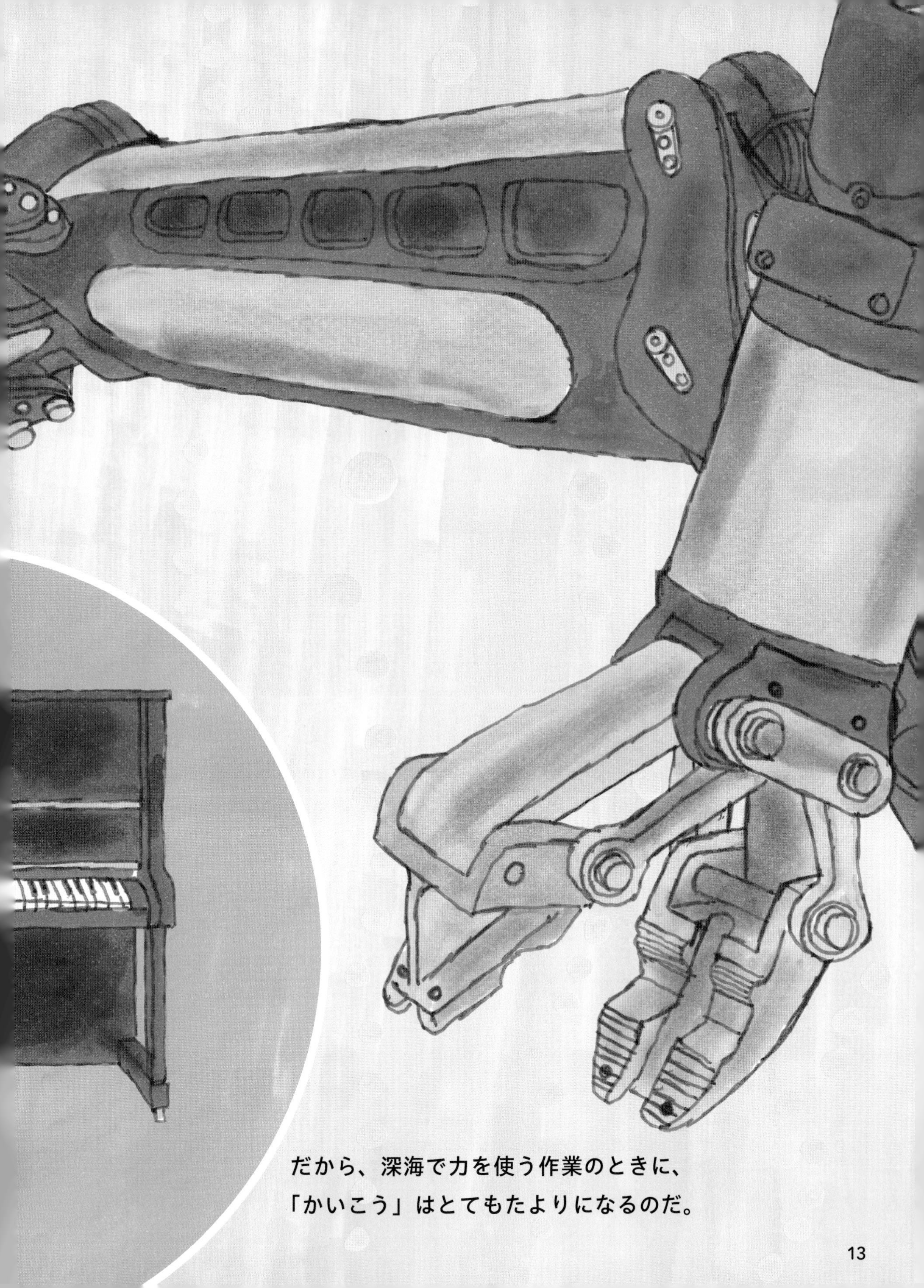

だから、深海で力を使う作業のときに、
「かいこう」はとてもたよりになるのだ。

世界トップクラス

マニピュレータは、回転カッターや海底の泥を採取する
プッシュコアラーなど、いろいろな道具をつかみ、
じょうずに使いこなす。

スラープガンという、
そうじきのような装置もあつかえる。
それで深海生物を吸いとり、
生きたまま母船にもちかえる。
すぐれた目とうで、
そして自由に動きまわれる
スラスタをもった「かいこう」。
ロボットとして、
世界でもトップクラスといえるだろう。

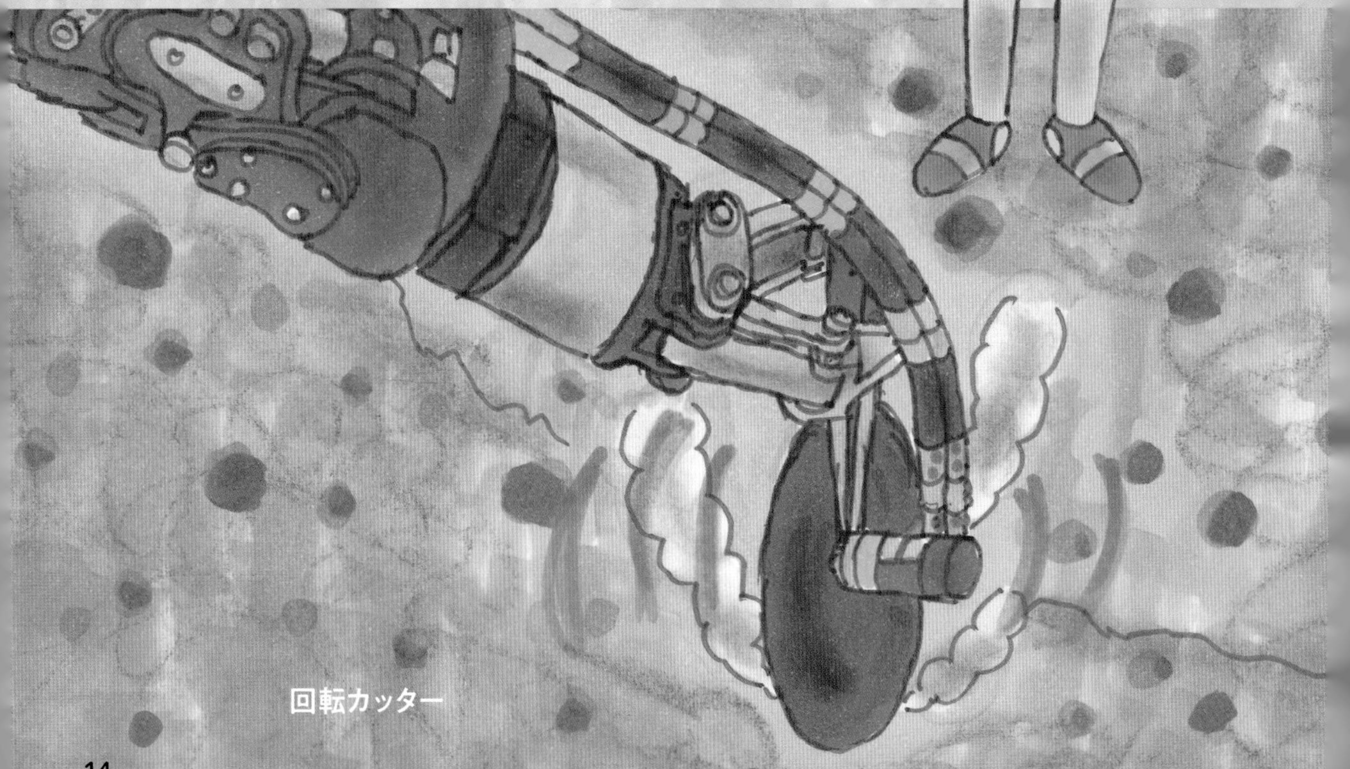

回転カッター

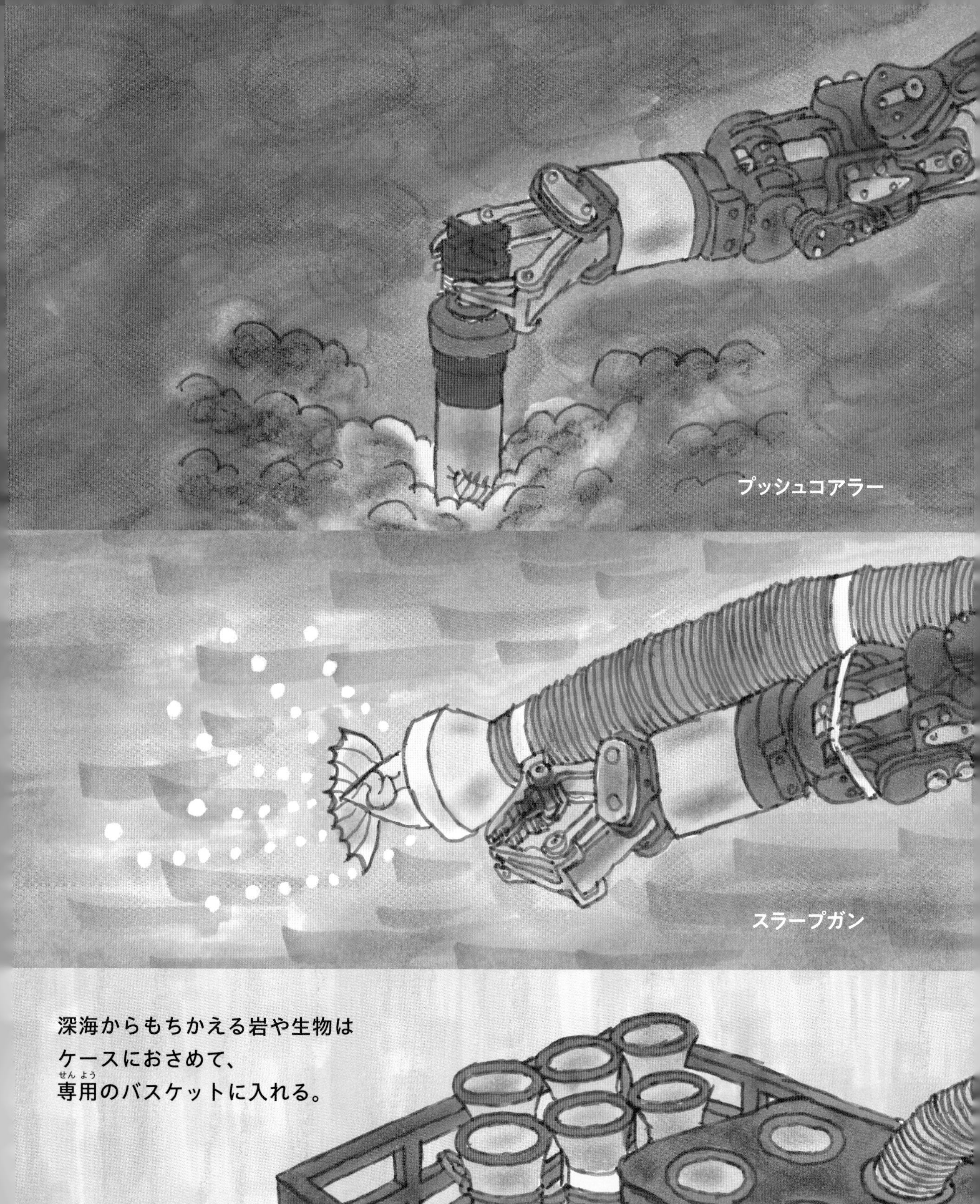

深海からもちかえる岩や生物は
ケースにおさめて、
専用のバスケットに入れる。

人が近づけない場所へ

「かいこう」のような無人ロボットのよいところは、
深い海底や海底火山の近く、厚い氷の下などの、
あぶなくて、近づけない場所でも調べられること。
そして、もぐっていられる時間が、
「しんかい6500」などの有人潜水調査船より長いことだ。
それを生かし、「かいこう」はいろいろなかつやくをしている。

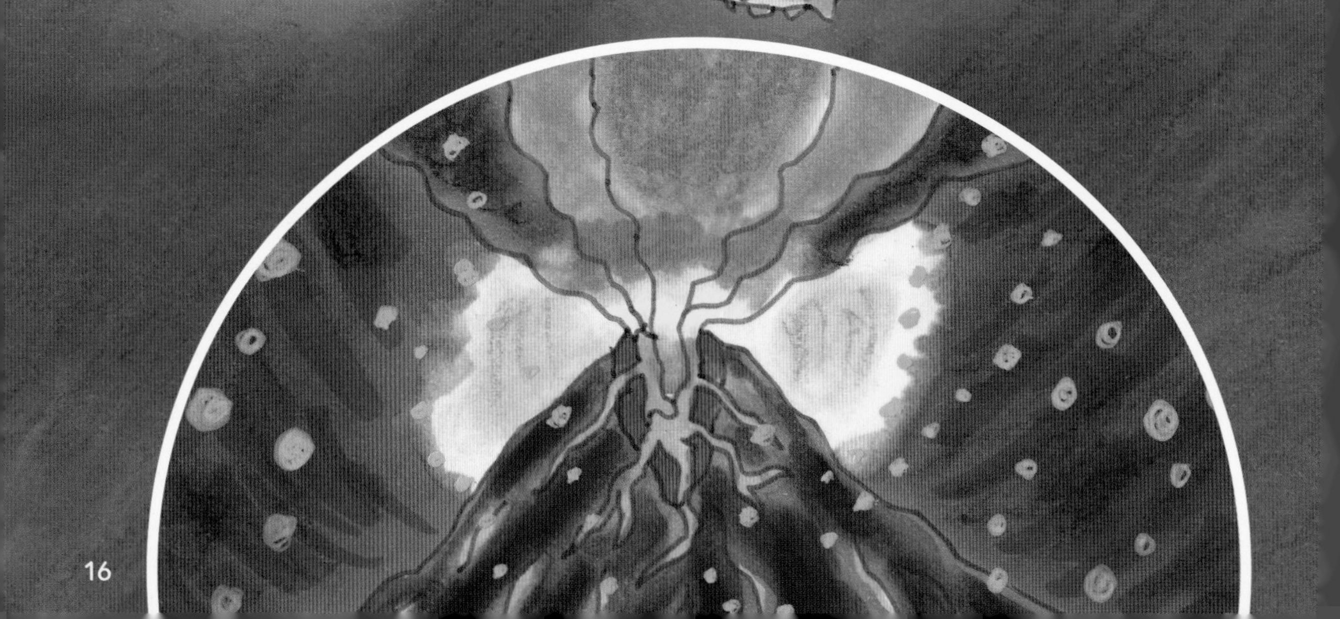

カイコウオオソコエビ

「かいこう」が世界ではじめて深海からもちかえった。ほかの生物がじかに消化できない木くずなども食べていることがわかった。

ユメナマコ

深海にすむナマコのなかま。体の中がすけて見え、光る。

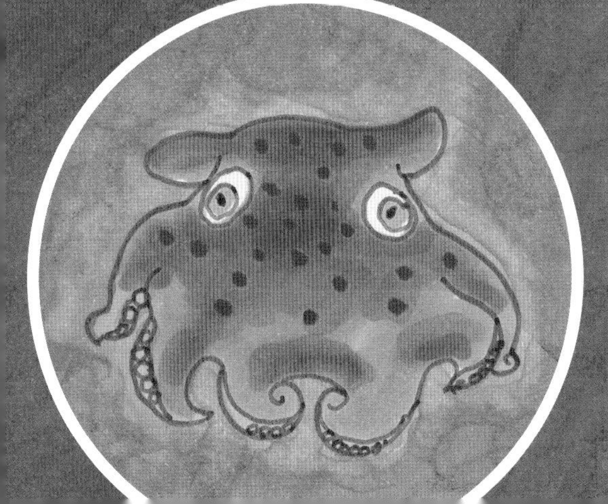

メンダコ

タコのなかまだが、そのすがたはふつうのタコとかなりことなっている。体がまくにおおわれていて、8本の足がよく見えない。

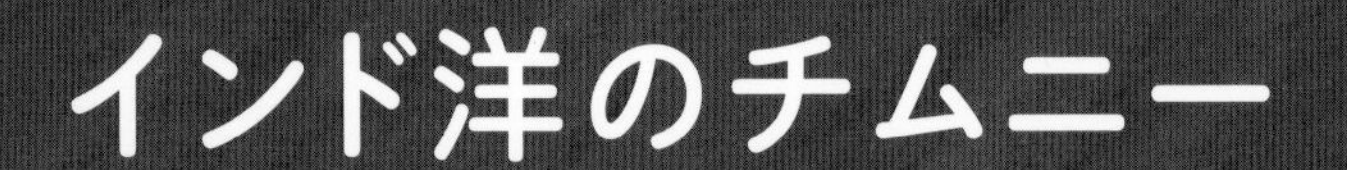

インド洋のチムニー

2000年に、インド洋ではじめてチムニーを見つけたのも
「かいこう」だ。
チムニーは、英語でえんとつのこと。
深海の海底からふきだす熱水には金属などがふくまれていて、
それが冷えてかたまると、えんとつのような形になるので、
そうよばれる。
太平洋や大西洋では次つぎと発見されていたが、
それまでインド洋では見つかっていなかったのだ。

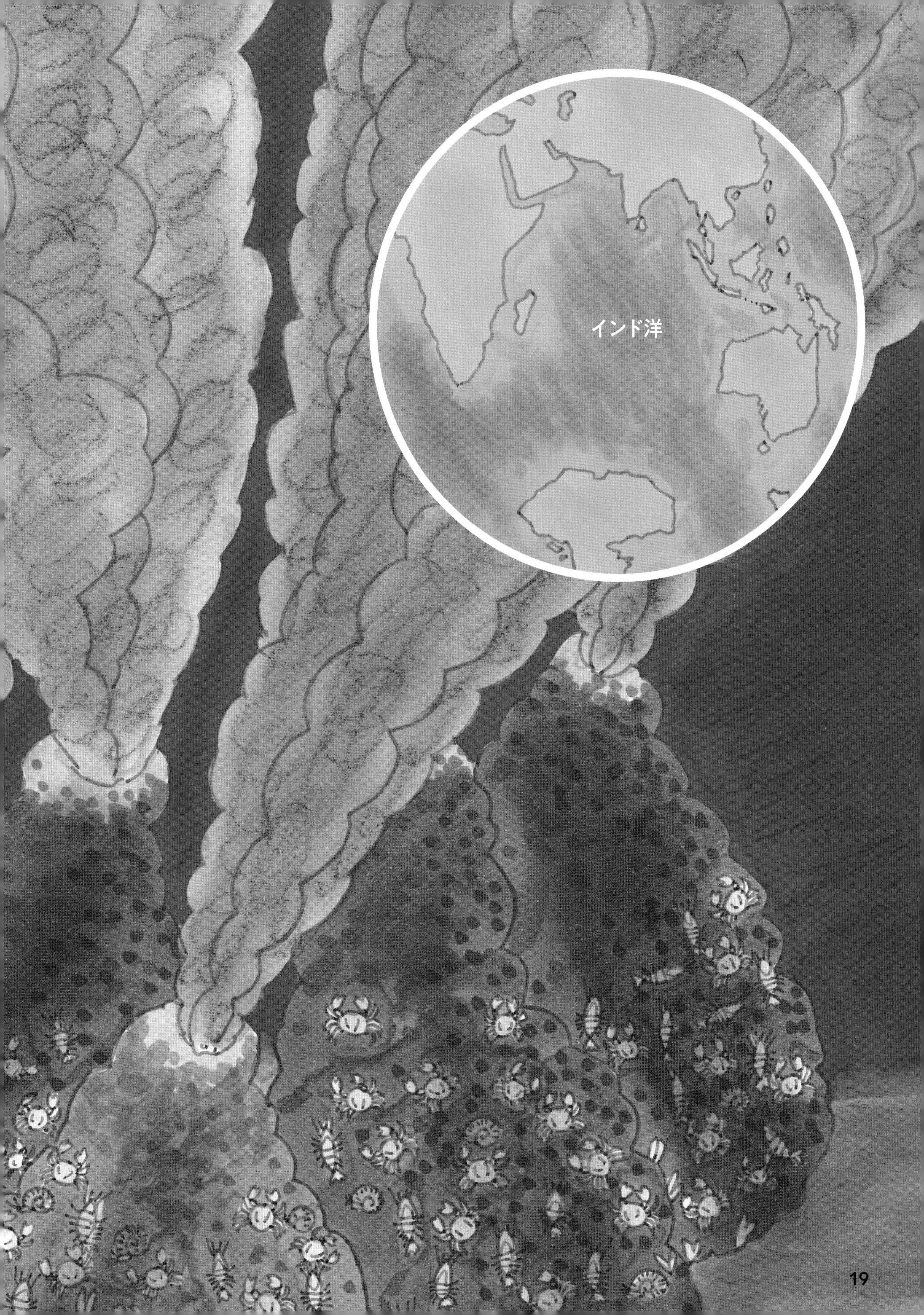
インド洋

「ちきゅう」の調査

2011年3月11日、東北地方沖の太平洋で巨大地震が起き、
大津波が海辺をおそった。
そのわけは、海底から下の、さらに深くにある断層が大きくすべったことで、
大量の海水が動いたからだと考えられた。
およそ1年後、地震を引きおこした断層まで掘りすすみ、
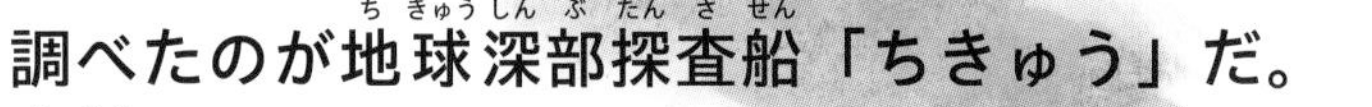
調べたのが地球深部探査船「ちきゅう」だ。
地層と地層がこすれて生まれた熱が
残っているかどうかをはかるため、
「ちきゅう」は
断層まで掘った穴に温度計を入れた。

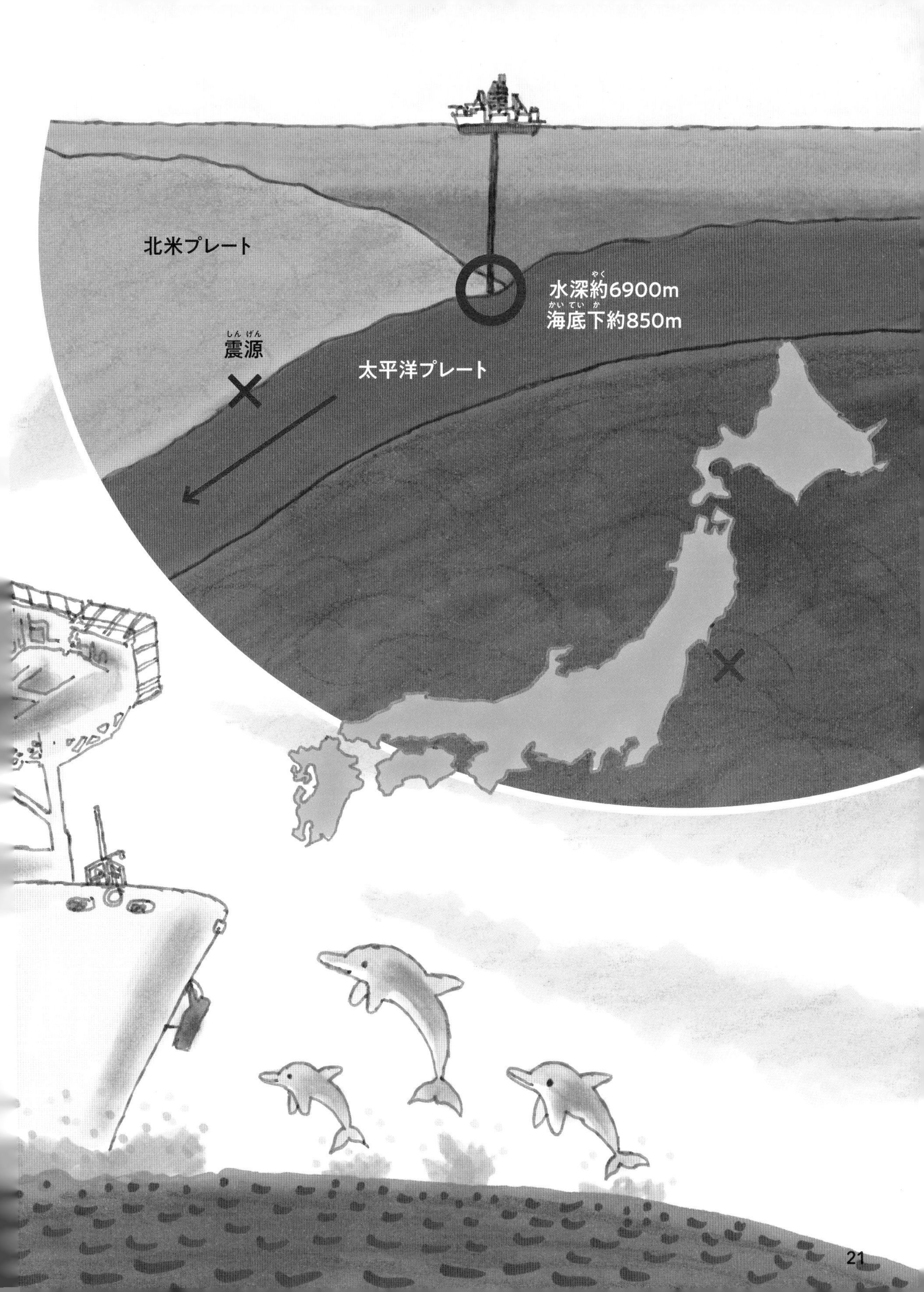
北米プレート
水深約6900m
海底下約850m
震源
太平洋プレート

やったぜ、「かいこう」

ここで「かいこう」の出番がやってきた。
9か月前に「ちきゅう」が入れた温度計を、
深海の海底(かいてい)の小さな穴(あな)から
取りだしてくる役目をまかされたのだ。
「かいこう」にしかできない深海での
細かな作業を、もちろんやりとげた。

「かいこう」が取りだした温度計は55個。
長さ820メートルをこえるロープに
取りつけられていた。
断層がすべったあたりの地層の温度は、
まわりより0.31度高くなっていた。
これはすべりやすい地層で
あることを示していて、
ゆっくり、大きくすべったことがわかる。
断層

宝さがし

2017年４月、千葉県の銚子沖350キロメートルで深海を調査すると、
コバルトリッチクラストにおおわれた宝の山が見つかった。
コバルトリッチクラストとは、コバルトをはじめ、
いろいろな金属がまじっている岩石のこと。
とれる量がとても少なく、自動車やスマートフォン、
ロケットなどをつくるのになくてはならない金属、
レアメタルをふくんでいる。

「かいこう」のおかげで、
こうしたいろいろな金属をふくむ岩石が
日本の近くの海底にたくさんあることがわかったのだ。

海底のごみを撮影

海には、プラスチックごみなどがたくさんある。
ほかの潜水調査船と協力しながら、
「かいこう」はそのすぐれた目で深海のごみを見つけている。
なんと、1万メートルをこえる深い海底にも、
プラスチックが転がっているのだ。
研究者たちは、海をよごさないようにうったえている。

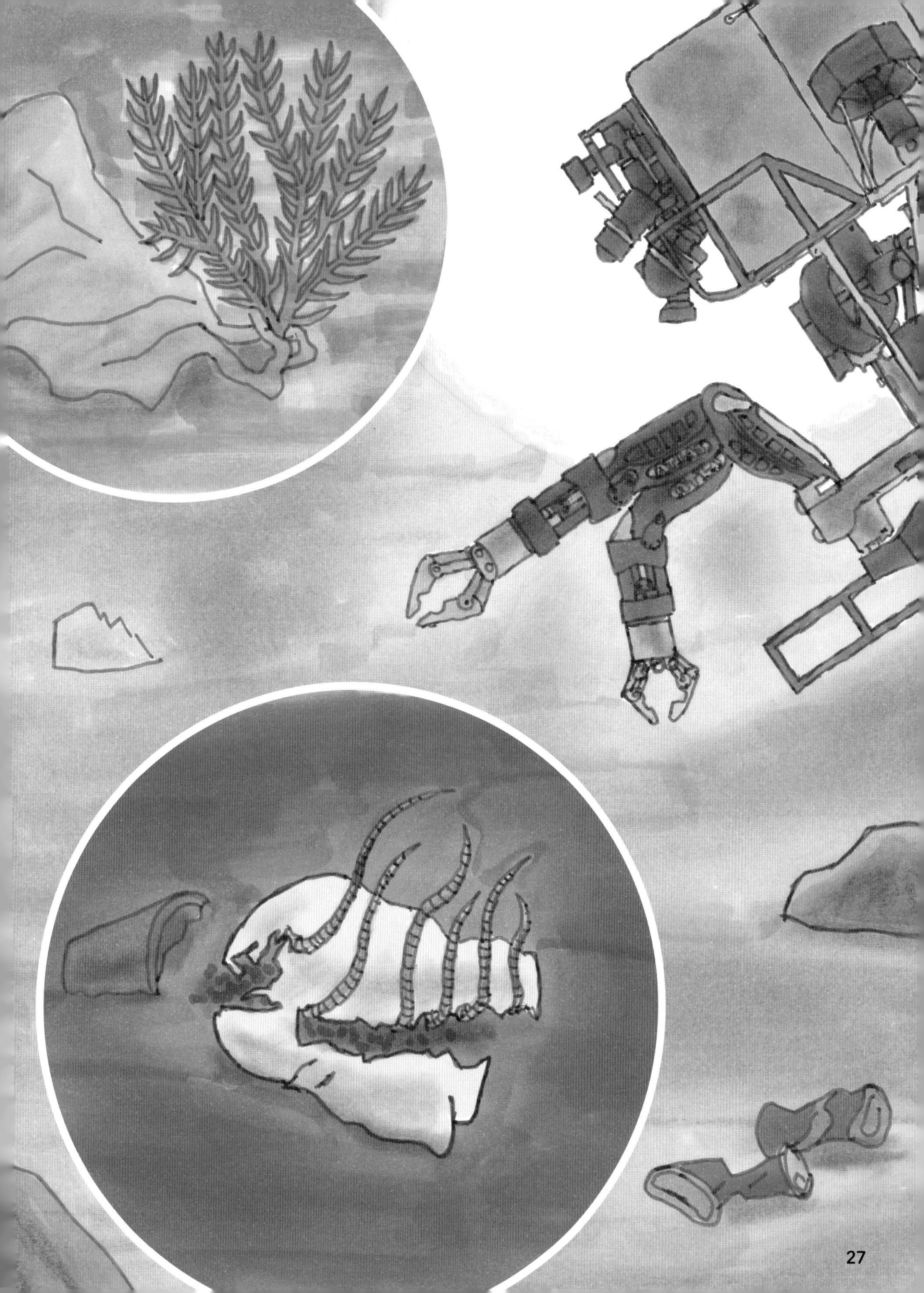

そのほかのロボットたち

海を調べるロボットには、2つのタイプがある。
「かいこう」のように、母船からケーブルで電力が送られて動くロボット。
もうひとつは、ケーブルなしで電池を積み、
コンピュータのプログラムにしたがって
海の中を動きまわるロボットだ。
「うらしま」や「じんべい」などがかつやくしている。

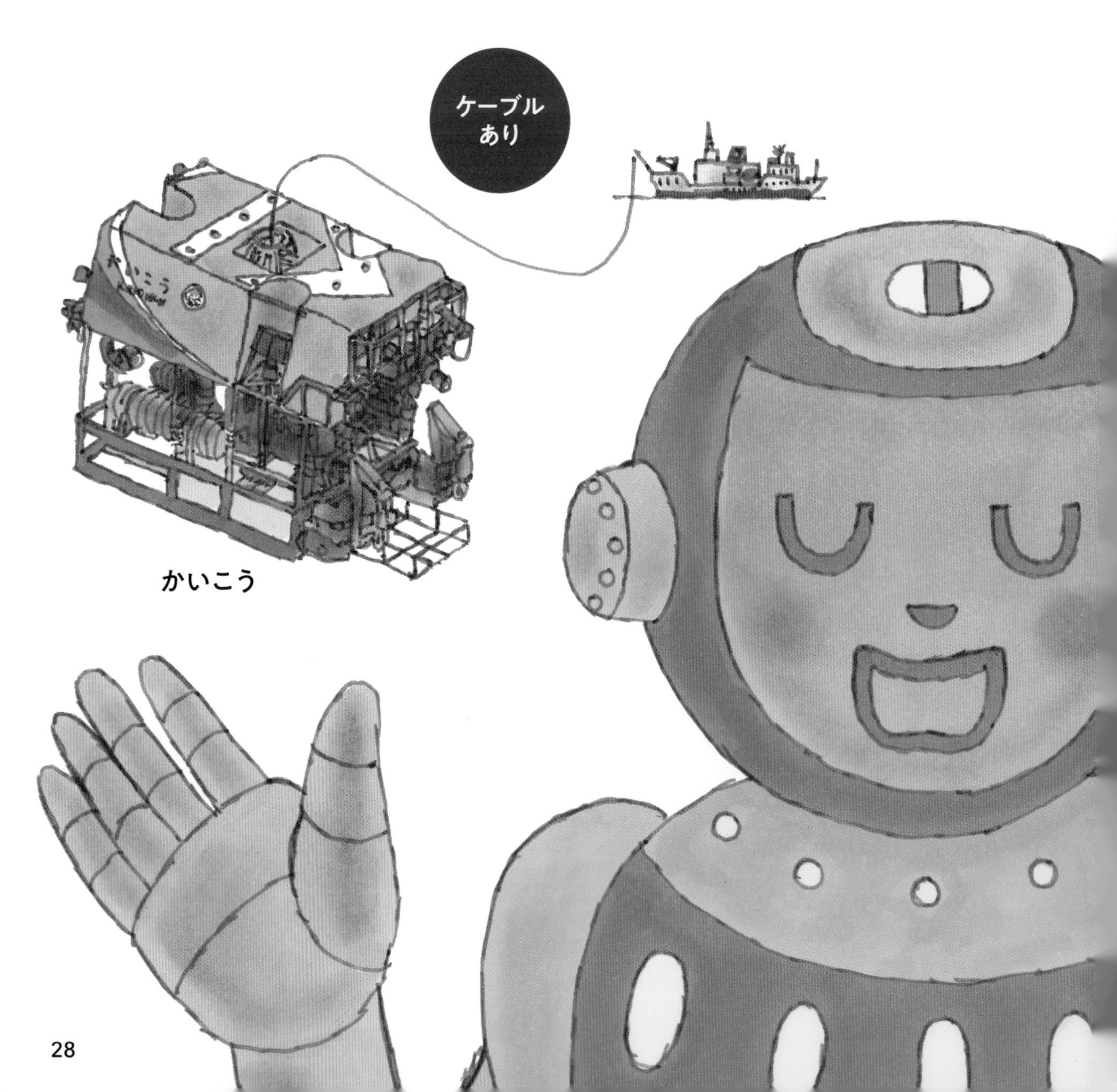

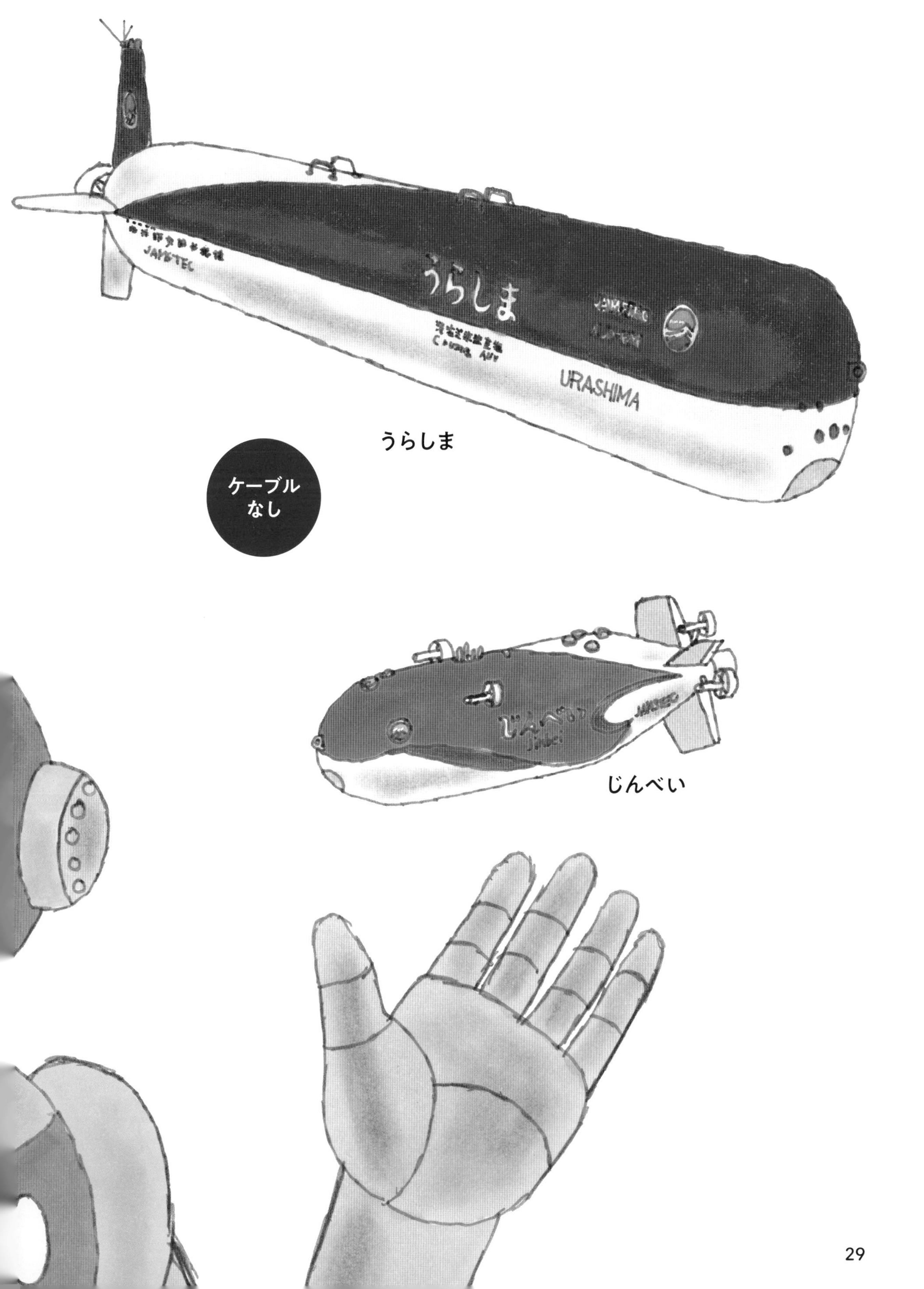
うらしま
URASHIMA
JAMSTEC
うらしま
ケーブル
なし
じんべい
JAMSTEC
じんべい
Jinbei
じんべい

大きな「うらしま」

浦島太郎にちなんで名づけられた「うらしま」は、
海を調べるロボットとしては大きく、長さが10メートルもある。
この大きさのおかげで、海を調べるための機械をたくさん積むことができる。
海底の地形をはじめ、海水の温度や塩分など、
いろいろなデータを集める調査をする。

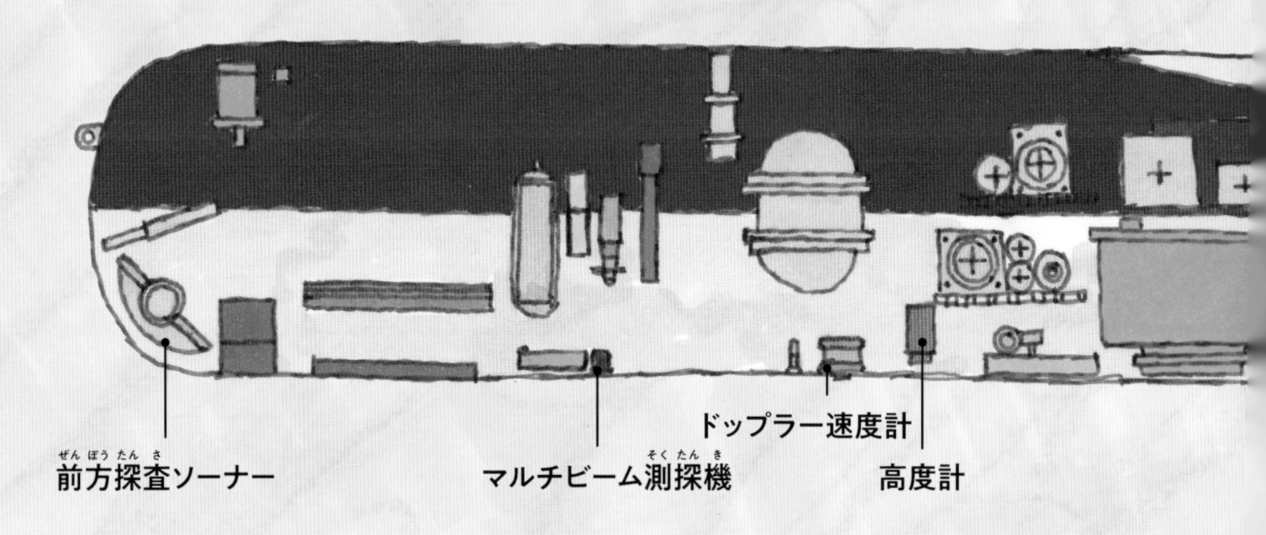

流向流速計
前後
スラスタ
真下や左右ななめに音波を発して、
海底の地形を調べる。

休まずに動きつづける

2005年の2月に静岡県沖で、
「うらしま」が56時間かけてつくった記録がある。
連続航行記録317キロメートル。
海を調べる無人ロボットが、
世界ではじめて300キロメートルをこえて進みつづけた距離だ。
このときの動力は燃料電池だったが、
いまはリチウムイオン電池が使われている。
このように長い距離を休むことなく進めるので、
海底地形などのデータを広く集められる。
それらをもとにして、「かいこう」や
「しんかい6500」がさらに細かく、
くわしく調べるのだ。

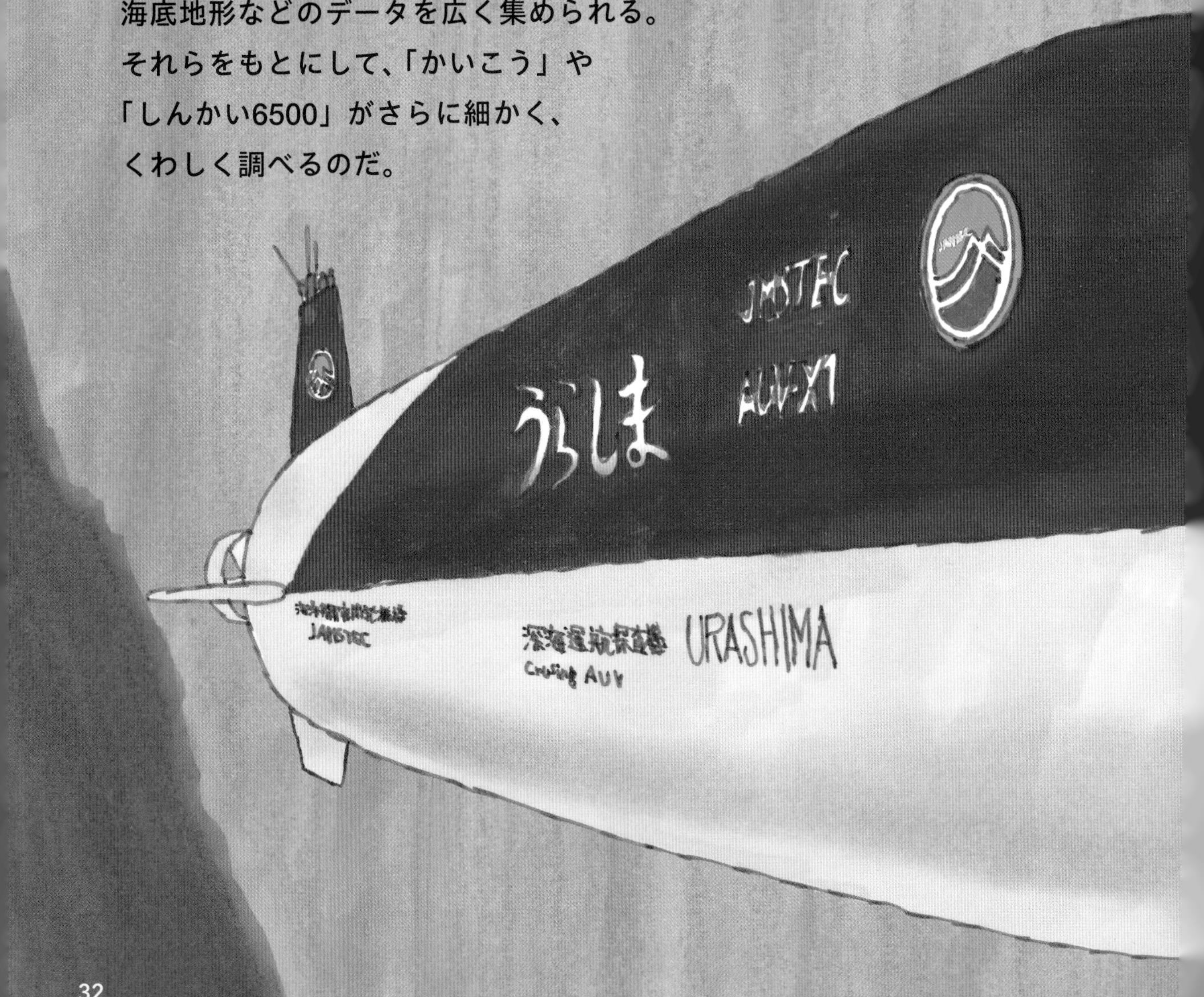

この記録は駿河湾で、
何度も往復してなしとげられた。

小まわりがきく「じんべい」

ジンベイザメは巨大だが、「じんべい」の大きさは
「うらしま」の半分以下で長さ4メートル。
そのぶん、方向をすばやく変えたり、海底すれすれに進んだりできる。
じまんは、尾の部分に取りつけられた4枚の舵だ。
それぞれのあいだに、スラスタがついている。

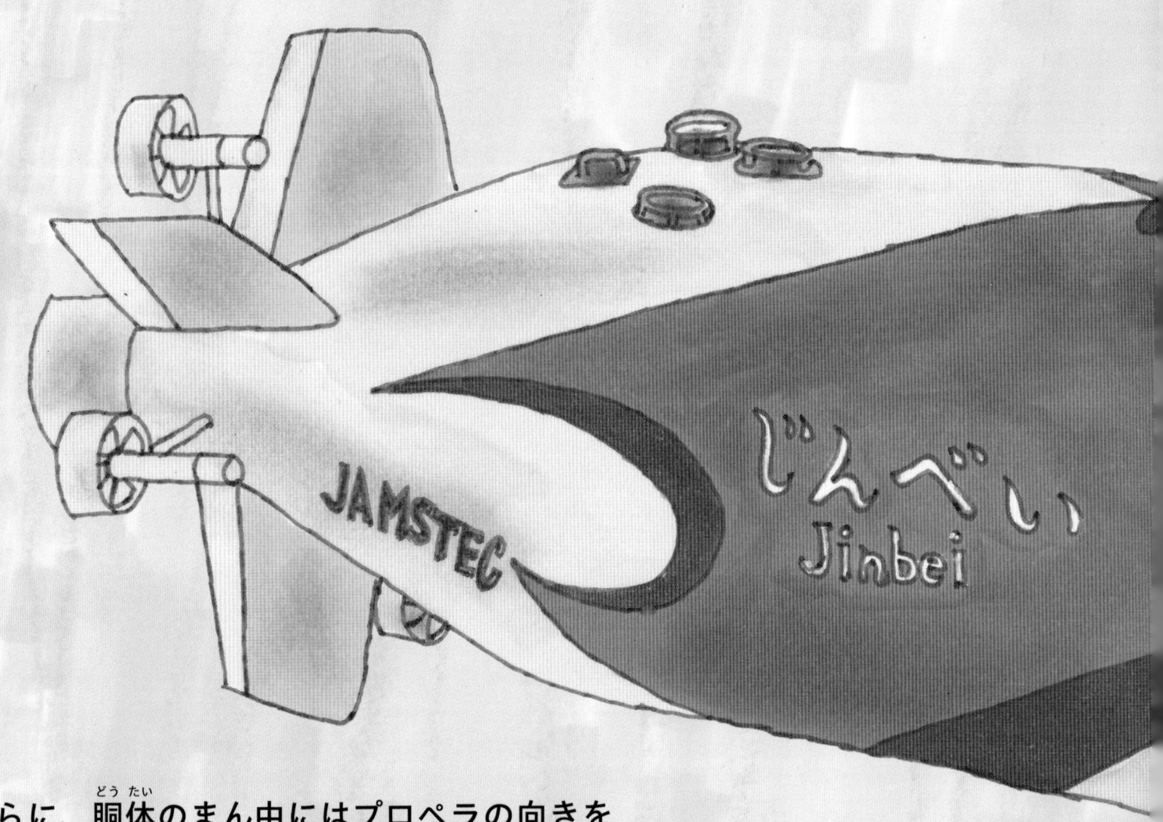

さらに、胴体のまん中にはプロペラの向きを
ぐるりと変えられるアジマススラスタが2つある。
それらを使い、海底のでこぼこにそうように動く。
そして、センサーを使って
海の中のようすをくわしく調べてまわるのだ。

海底の地形を細かく調べるために、
Uターンを何度もくりかえして
くねくねと進む。

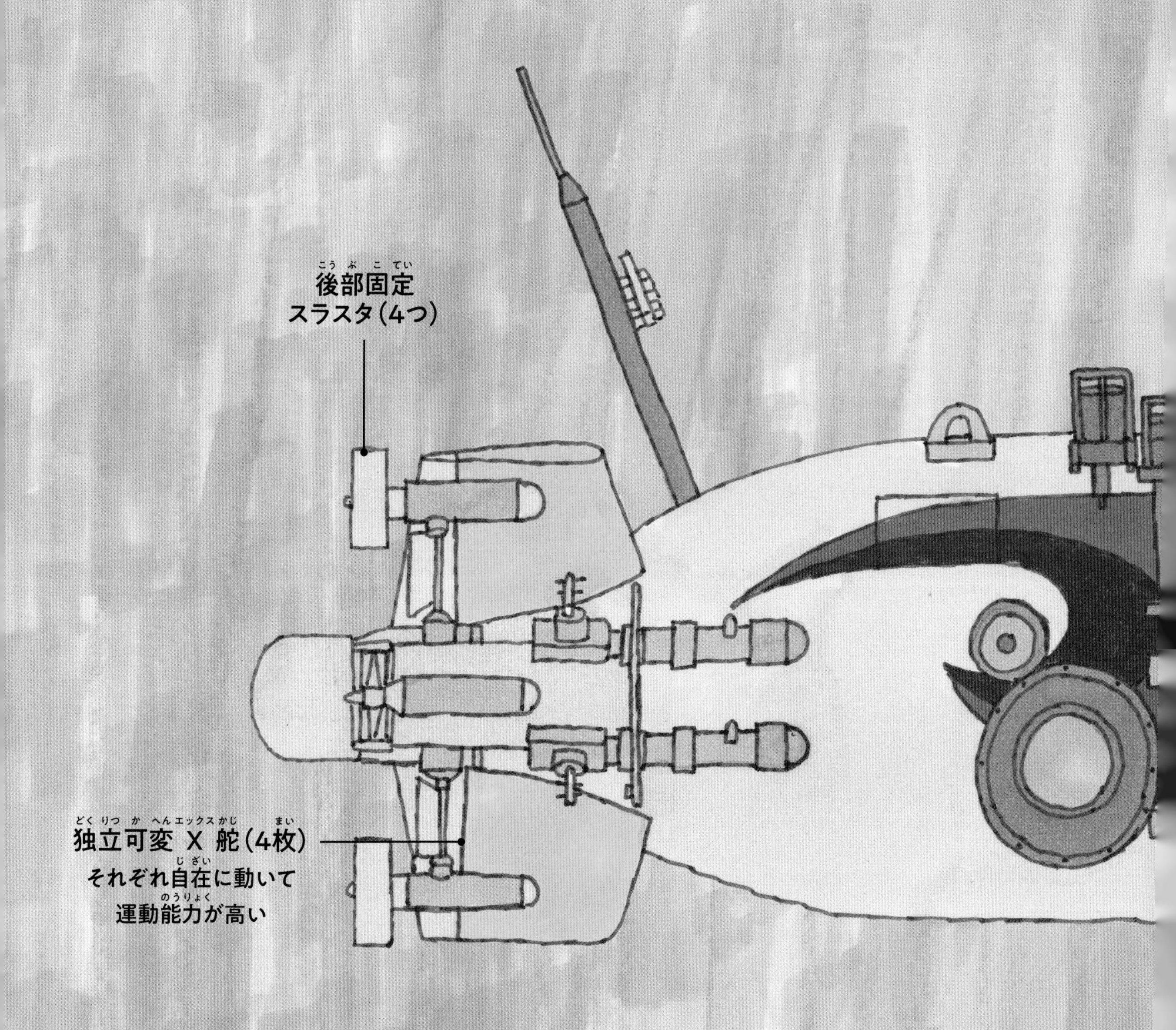

大きさに合わせて

小さい「じんべい」は、
調査のための機器を積むことがむずかしい。
でも、ごく小さな観測機器のついたケーブルを引いて、
データを集めながら進むことはできる。
このように、「うらしま」と「じんべい」は大きさに合わせて、
使いわけられているのだ。

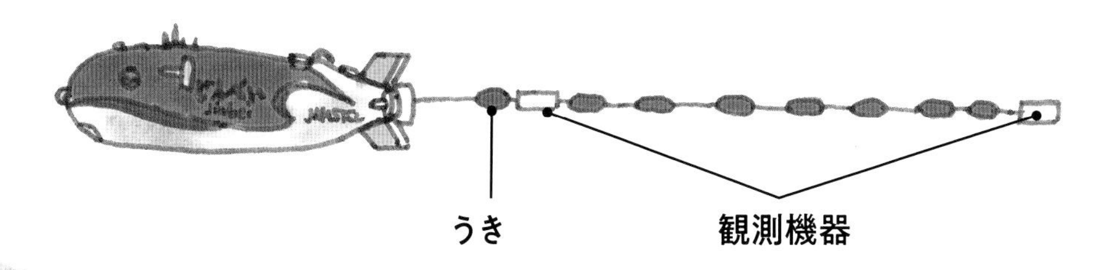

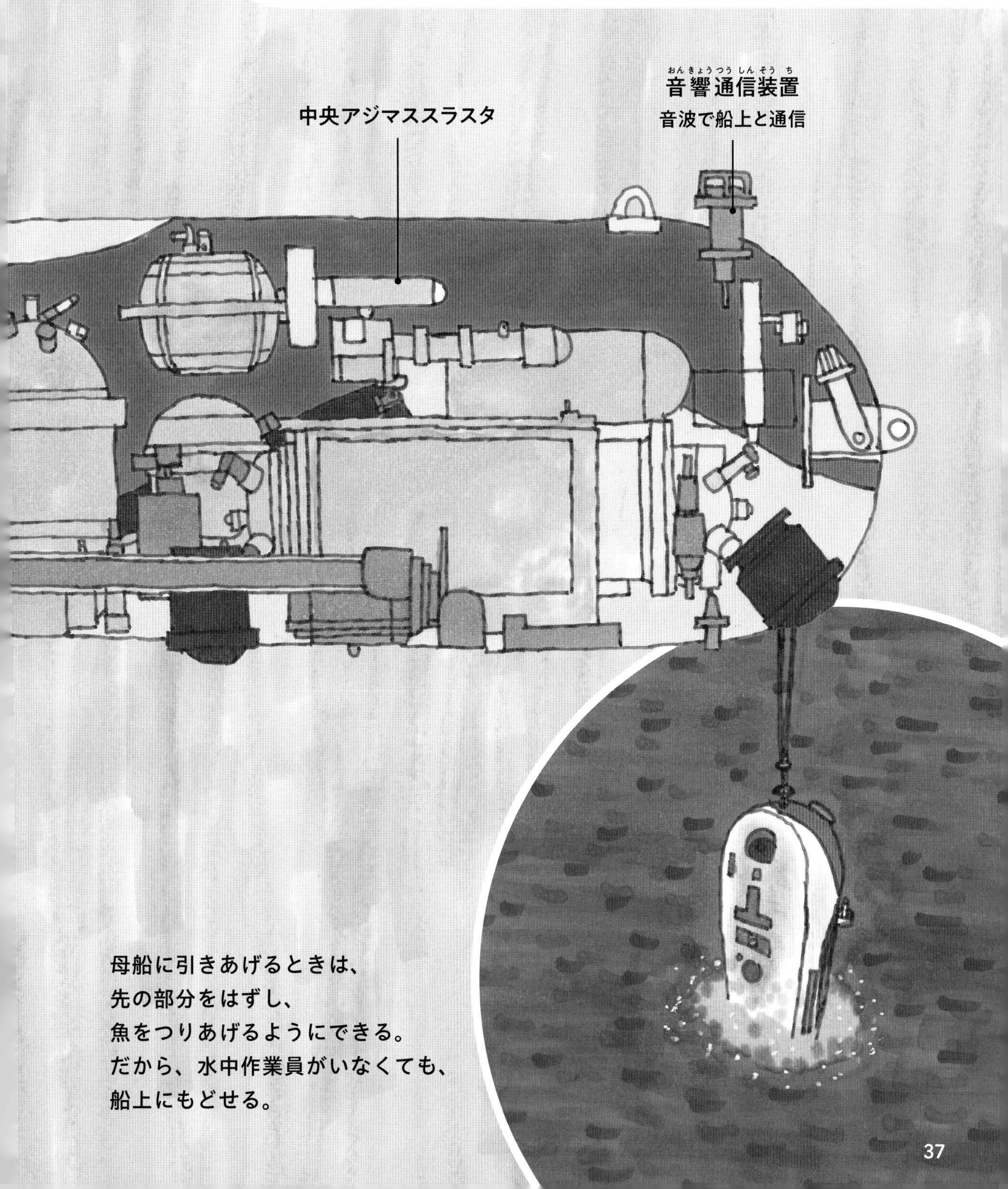

母船に引きあげるときは、
先の部分をはずし、
魚をつりあげるようにできる。
だから、水中作業員がいなくても、
船上にもどせる。

これからのロボット

世界じゅうで、新しい深海用ロボットがぞくぞくと開発されている。
魚そっくりの動きができるやわらかな胴体のロボットは、
魚といっしょに泳ぎ、海の生物のふしぎをさぐる。
小型で手軽に使える水中ドローンも、
どんどん活用されるようになるだろう。
まだまだわからないことがいっぱいの海。
「かいこう」をはじめ、海を調べるロボットたちが
さらにどんなかつやくをするのか、とても楽しみだ。

URASHIMA

作・絵
山本省三（やまもと　しょうぞう）

神奈川県生まれ。横浜国立大学卒。絵本や童話、パネルシアター、紙芝居の執筆など幅広く活躍している。現在、日本児童文芸家協会理事長。作品に、『パンダの手には、かくされたひみつがあった！』をはじめとする「動物ふしぎ発見シリーズ（全5巻）」、『すごいぞ！「しんかい6500」』、『深く、深く掘りすすめ！〈ちきゅう〉』（いずれも、くもん出版）、『もしもロボットとくらしたら』、『もしも深海でくらしたら』（いずれも、WAVE出版）など、多数。

監修・協力
国立研究開発法人海洋研究開発機構
（JAMSTEC）

装丁・デザイン
大悟法淳一、山本菜美
（ごぼうデザイン事務所）

海を科学するマシンたち
深海ロボット
海のふしぎを調べろ！

2024年6月28日　初版第1刷発行

作・絵　山本省三
発行人　志村直人
発行所　株式会社くもん出版
〒141-8488
東京都品川区東五反田2-10-2　東五反田スクエア11F
電話　03-6836-0301（代表）
03-6836-0317（編集）
03-6836-0305（営業）
ホームページアドレス　https://www.kumonshuppan.com/
印刷　株式会社精興社

NDC450・くもん出版・40P・26cm・2024年・ISBN978-4-7743-2856-0

CD56212